U0162242

浪花朵朵

写给孩子的防灾手册 地震书

日本地震日常防灾项目组 编
[日]寄藤文平 绘
段博闻 译

北京联合出版公司
Beijing United Publishing Co.,Ltd.

众所周知，日本是一个地震灾害多发的国家。
地震发生的频率究竟有多高呢？
让我们来数一数近 200 年内地震“光顾”的年份吧。

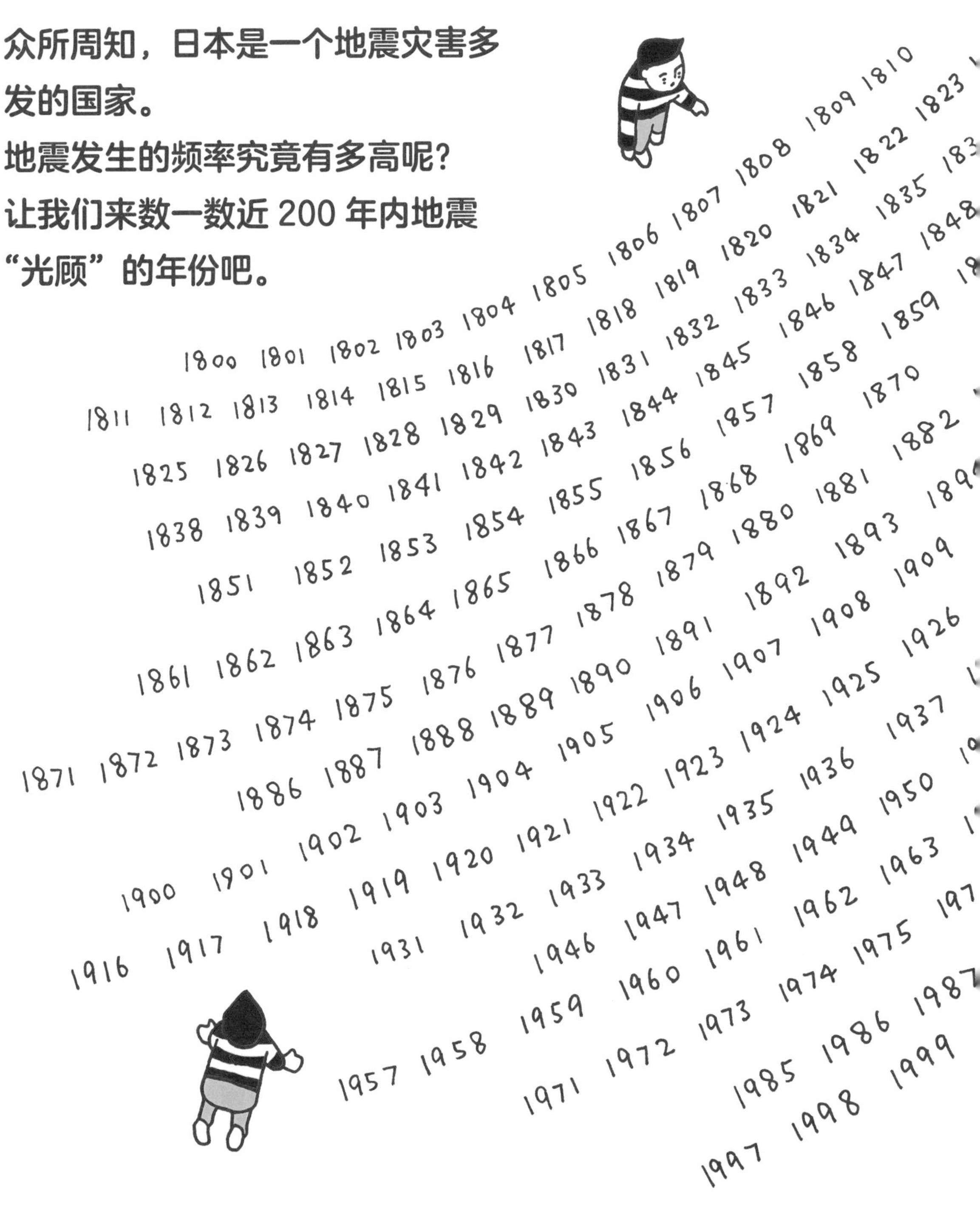

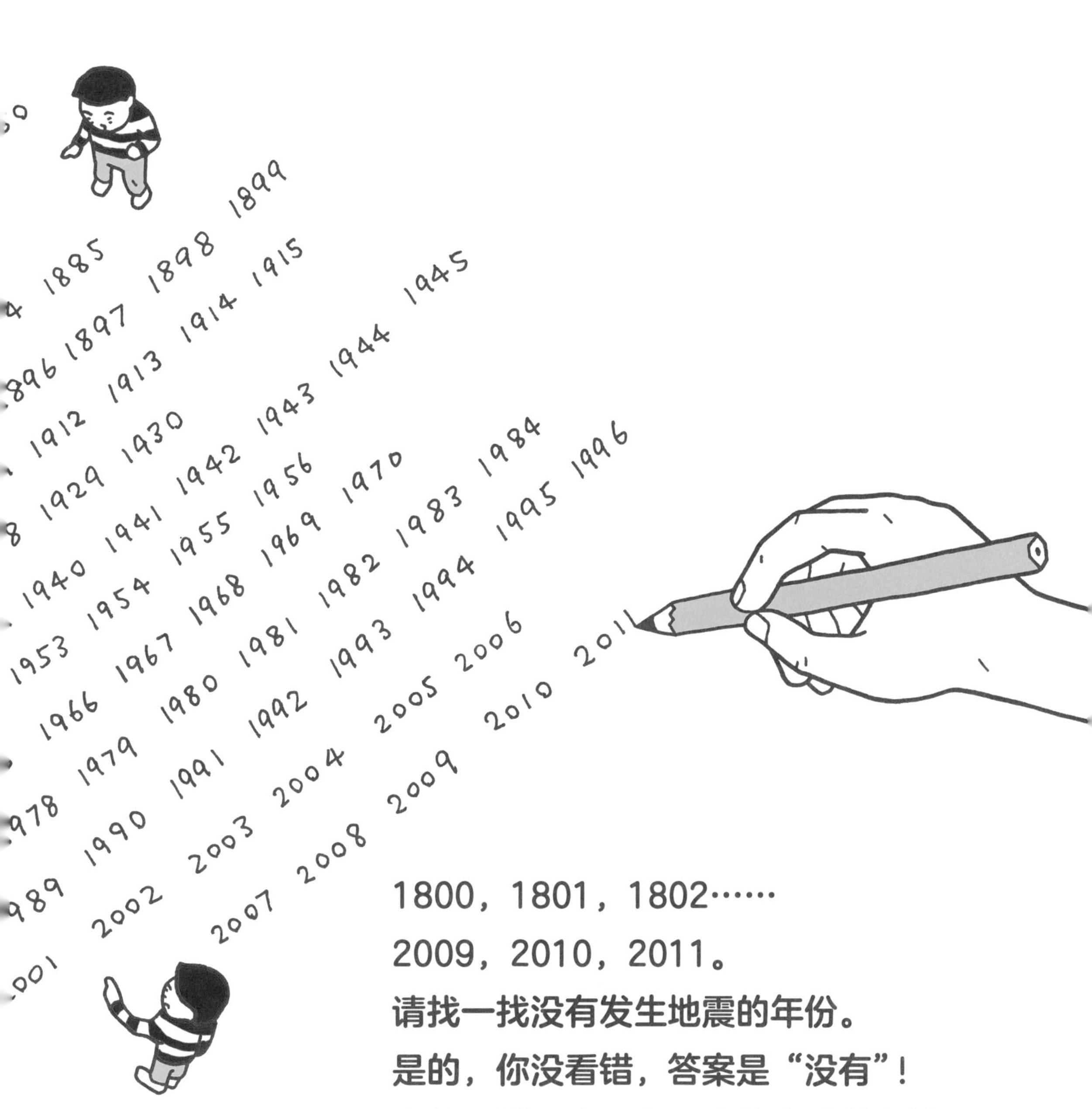

1800，1801，1802……

2009，2010，2011。

请找一找没有发生地震的年份。

是的，你没看错，答案是“没有”！

也就是说，生活在日本就意味着自始至终要与地震相伴。

地壳由形状各异的板块拼合而成。板块由于受到地球内部岩浆运动产生的作用力而缓慢移动。

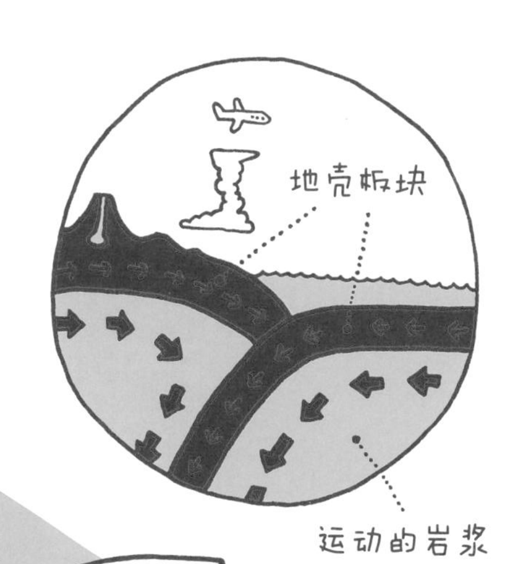

板块回弹引发的地震

大陆板块与大洋板块挤压碰撞，两个板块一同向下俯冲。

当大陆板块无法承受这种相互的作用力时，就会以回弹的方式“逃离”大洋板块的挤压，从而引发地震。

地震形成的原因

为什么日本会发生这么多的地震呢？让我们来看看地震形成的原因吧。

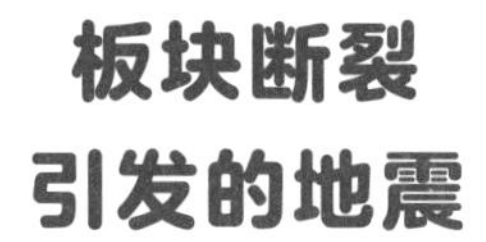

板块断裂
引发的地震

板块相互挤压碰撞，产生断裂，从而释放能量，产生了地震。

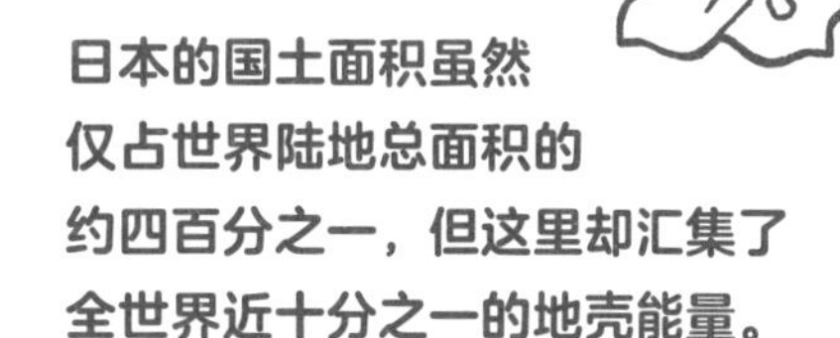

日本的国土面积虽然仅占世界陆地总面积的约四百分之一，但这里却汇集了全世界近十分之一的地壳能量。

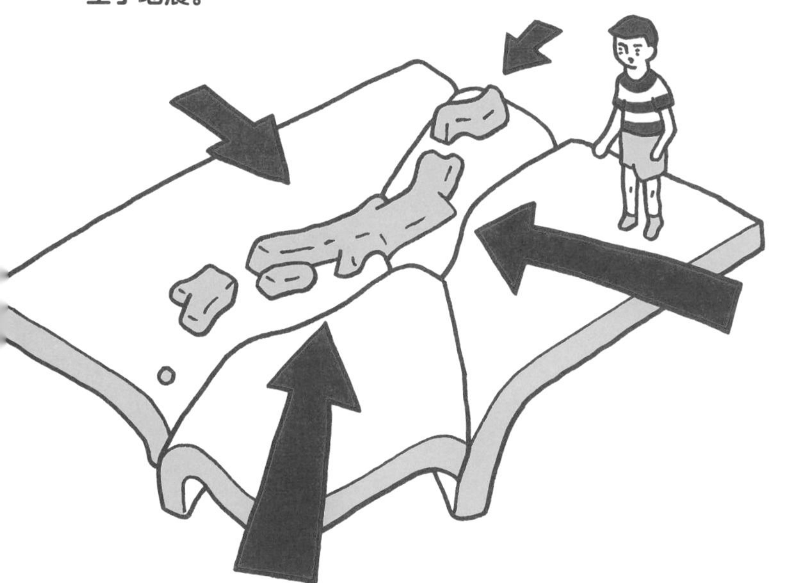

板块发生断裂或回弹时就会产生地震。日本位于亚欧板块和太平洋板块的交界地带，所以，和其他国家相比发生地震的频率更高。

地震发生的瞬间

1995 年发生的阪神大地震，对日本来说是一次规模巨大的地震。在地震来袭的瞬间，当时的人们都感觉到了什么呢？

●以为飞机掉下来了

“听到了‘咚咚！’‘轰轰！’的声音，房子也跟着摇晃。一开始没意识到是地震，还以为是飞机坠毁了呢。”

●地球发生了什么

“当时一边发抖一边想，是不是小行星撞地球了，地球是不是要毁灭了？”

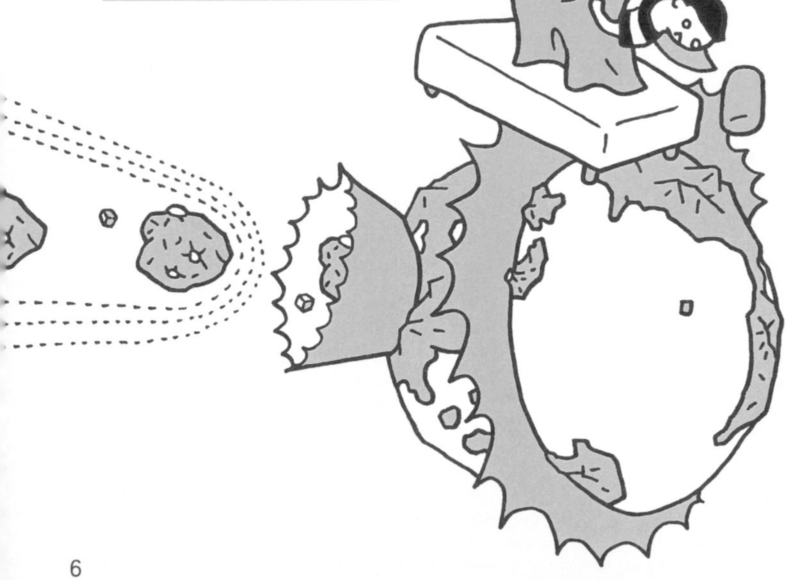

●地面被木桩钻透了

“感觉就像是一根大木桩从地球的深处顶了出来，把地面都钻透了。”

●宇宙飞船来了
“当时天空闪过一道光，我以为是宇宙飞船来了。到处漆黑一片，有什么东西朝我追来。我以为是外星人，就拼命地跑，回过神来才发现，其实是邻居家的小狗……”
●好像有人在摇晃我
“地震时我睡得正香，迷迷糊糊中感觉谁在摇晃我，还有什么东西一直在响。”
●火山喷发了
“当时想是不是地震了，后来又开始剧烈摇晃，我就以为是火山喷发了。”

完全不知道发生了什么

“我当时正在开车，
听到了奇怪的声音，
紧接着整个街道的灯就全灭了。”

伸手不见五指

“按了开关，
但是因为停电了，灯没亮。
我就在黑暗中寻找自己的衣服。”

电视机“飞”出去了

“电视机‘飞’到被炉*上了，
为了不让它掉到地上，
我一直用右手扶着。”

* 被炉：日本的一种取暖设备。

●根本无暇思考

"腿好像不听使唤了，
我怎么站都站不起来。"

●不停地发抖

"又冷又害怕，
身体抖得停不下来。"

●什么呀这是?!

"当时'咚'的一声，
我从床上掉了下来，
完全不知道
发生了什么。"

理想的应对方式

其实，在地震来袭的瞬间，
大多数人根本不知道究竟发生了什么。
在这种情况下，要求人们马上做出应对，
是极其困难的。

实际的应对方式

提前做好准备，
以便在地震发生的时候，
不需要“有所应对”，而是“可以什么都不做”。
这才是防灾最重要的事情。

家具倒塌

“像衣柜、书架、碗柜等家具，在地震的时候都有可能突然倒塌，造成伤害。因此，平时就要把这些家具固定好。”

●用被子把自己蒙起来

“意识到是地震，
在佛龛就要砸下来之前，
我‘嗖’地蒙好了被子，
真是万幸啊！”

●把家具摆放在同一侧

“如果把家具都摆放在同一侧，
那么即使它们倒塌，
也不会出现相互叠压的现象。
这样还有可能挪动它们。”

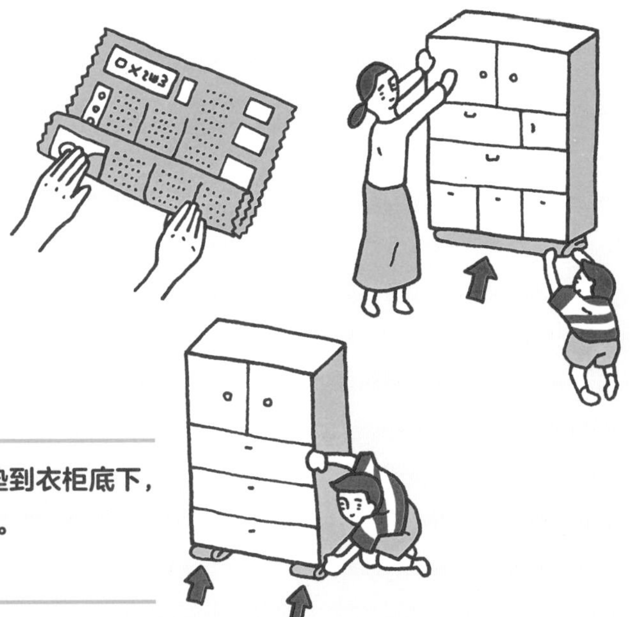

●把报纸叠起来垫到衣柜下面

“把报纸叠一叠，垫到衣柜底下，
衣柜就不容易倒了。
这是先人的智慧。”

●用 L 形角码固定

“幸亏我用 L 形角码
把碗柜固定住了。
地震之后角码弯了，
碗柜还是好好的。”

●安装柜顶支撑棒

“在较高的家具顶部与
天花板之间安装支撑棒，
可以起到很好的固定作用。”

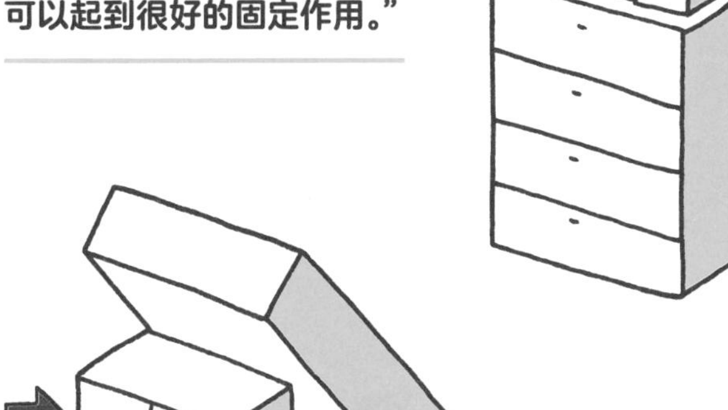

●巧用空箱子

“我把一些尺寸合适的
空箱子塞进了柜子和
天花板之间的空隙里，
地震的时候柜子就没倒。”

●预留生存空间

“在较高的家具前方摆放一个
较矮的家具，这样即使较高的
家具砸下来，也能倒在较矮的
家具上，两者之间可以形成
宝贵的生存空间。”

●清空物品

“我当时睡在一个
没有柜子的房间，
所以很幸运没被压住。”

玻璃破碎

地震时窗户玻璃很容易破碎。其实只要挂上窗帘或者给玻璃贴上防爆膜，就能减轻碎玻璃飞溅的情况。

●贴一张防爆膜

"家里的玻璃贴了防爆膜，地震的时候，膜上沾满了碎玻璃片。"

●一副轻薄的窗帘就能派上用场

"地震的时候，碎玻璃四溅，导致我现在不挂窗帘就害怕。现在，哪怕是薄窗帘，也要拉上才安心。"

灯具掉落

地震时，

吊灯最容易摇晃掉落。

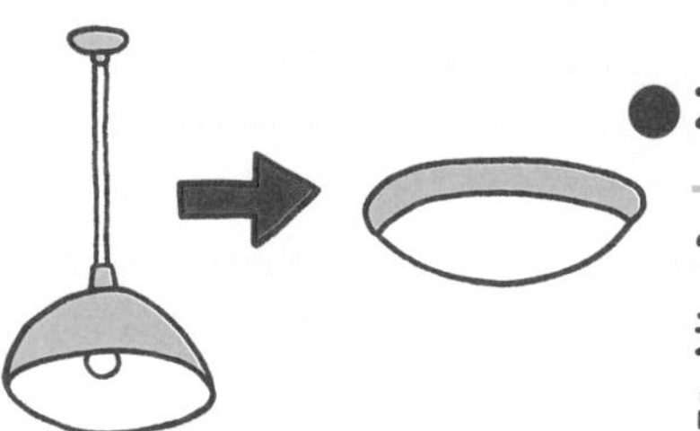

●不要使用吊灯

"还是要选择能固定在天花板或者墙上的灯具。吊灯太危险了。"

物品飞出

像电视、电话、书等物品，
在地震时容易突然飞出来砸到人。
这种情况让人防不胜防，
所以平时一定要做好防备。

● 在书柜上安装金属杆等，
可以固定书本，
有效防止书籍掉落。

● 稍微晃动了几下

“因为柜子下面安装了脚轮，
所以地震的时候它没有倒，
只是稍稍晃了晃。”

● 电视也需要固定

“用绳子把电视
牢牢地绑在柱子上，
这样它就不会移动了。”

日常防灾备忘	检查一下家里吧！

● 为了防止家具在地震中倒塌，你把它们都固定好了吗？
● 架子、柜子上有没有放置一旦掉落就会造成伤害的物品？

地震过后

以往人们日常的生活，
会因为地震的发生而变得
举步维艰。这对所有人而言，
都是意料之外的事情。

一轮圆月

“人间已经沦为痛不欲生的
地狱了，天上却挂着一轮
明亮的圆月。”

一片寂静

“我走到外面，
平时那些汽车、
电车的声音都听不到了，
周围异常寂静，
也没有人在走动。”

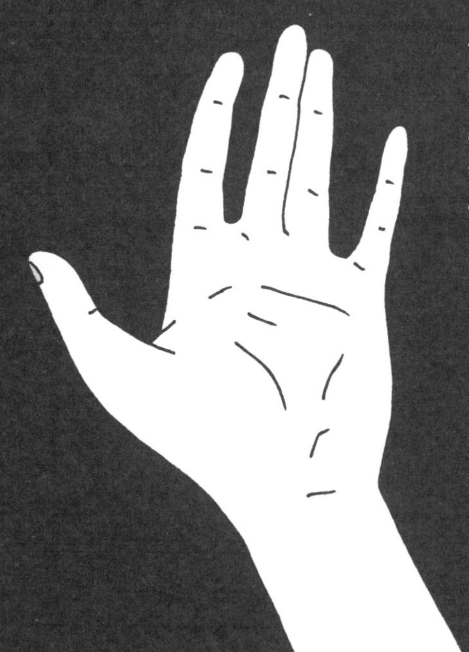

哭了

“整个街道顷刻间就
变成了一片废墟。
这还是我深爱的城市吗？
我的眼泪止不住地往下流。”

像是历经了一场战争

“感觉自己身在战场。”

余震太可怕了

“在一片漆黑之中，
我跟恐惧作斗争，
害怕余震再来。”

不知道发生了什么

“电视不能看了，所以一开始
并不知道是发生了大地震。
当时还在纠结，要不要去上学？”

光亮消失

人一旦置身于黑暗的环境，就会觉得更加不安。所以地震时要创造一个明亮的容身之所，让自己先冷静下来。

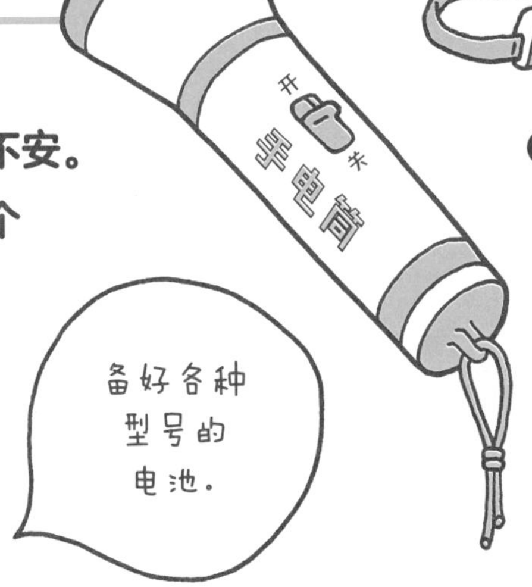

●手电筒和头灯要放在触手可及的地方

"在一片黑暗中，一束光就能让人感到安心。"

●备好电池

"我在一个快要倒闭的电器商店里买到了一些沾满沙子的电池，当时高兴极了。"

●蜡烛的光亮足以满足用餐时的需要

"又细又长的蜡烛容易倾倒引发火灾，低矮的蜡烛更稳定一些。"

断水、断电、没有煤气，电话打不出去，也没有食物。各种不便会令人不安。这个时候，最重要的是开动脑筋，把平日里的储备和身边有限的物资充分地利用起来。

无法收看电视

各地正在发生什么事情？
人们现在都在哪里？
我该怎么办才好？要了解这一切，信息是关键。

● 收听广播

“当时家门口停着一辆卡车，卡车里放着广播，我听到了海啸不会过来的消息。”

● 收集街头巷尾的信息

“我骑着自行车在附近转悠，收集到了一些信息。
比如谁在哪里避难，
哪里在卖什么东西之类的。”

断水

我们不仅需要喝水，洗手、洗脸、做饭也都需要用水。在地震中，要高效地利用有限的水资源。

●在浴缸里蓄水

**“浴缸里存的水，
可以用来冲厕所、灭火等，
有很多用途。”**

●烧水壶里灌满水

**“家里喝的水，
我通常都会烧开
满满一壶备着。”**

●储备矿泉水

**“我平时都会多买
一些大桶矿泉水备着。”**

●在盘子上铺上保鲜膜

**“在盘子上铺一层保鲜膜，
就可以不用洗盘子了。”**

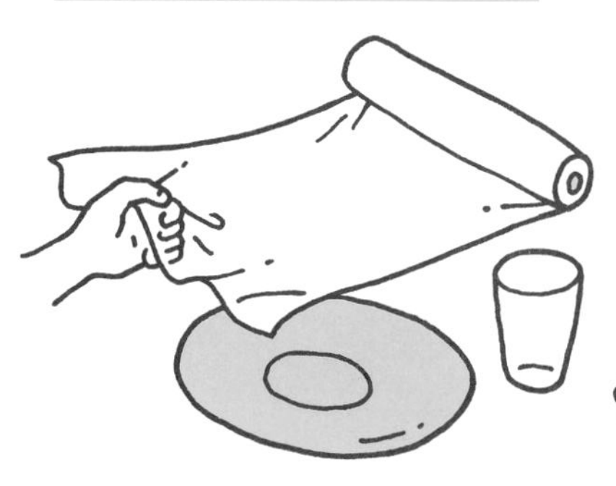

不用水洗，每次只要
更换保鲜膜就可以了。

●巧用纸张做餐具

●三桶水清洁法

**“我当时洗碗用了三桶水。
先把刚使用完的餐具放在第一桶
水里大致清洗一下，再把餐具
放在第二桶水里好好清洗干净，
最后放进第三桶水里再涮一下，
这样餐具就基本干净了。”**

运水难

很多时候，
尽管有水可用，却无法搬运。
其实，只要稍微开动脑筋，
这个问题就能解决。

●厚垃圾袋

●纸箱子里套一层塑料袋

“我们把套着塑料袋的纸箱子当成水桶用，然后用手推车搬运，方便又轻松。”

●双肩包里套上塑料袋

●孩子可以独立搬运

“不要用大桶，使用容量为 2 升左右的矿泉水瓶。在紧急时刻，孩子也能帮忙运水。”

●水桶里套上塑料袋

“当时，我们在水桶里套了一层塑料袋，然后扎好袋口。这样脏桶也能有效地利用起来，桶里的水也不会洒出来。”

食物短缺

平时储备好三天的食物会比较安心。如果在大城市，建议至少储备一周的粮食。

●提前购物囤货

“上岁数的人都喜欢囤货，没想到关键时刻还真派上了用场。”

●徒手可开的罐头最为理想

“地震时家里有罐头，但是没有找到开罐器在哪里。”

煤气中断

地震时，煤气就停了。如果家中有卡式炉之类的加热器具，就能吃上热的东西了。

●野营用品显身手

“便携式煤气炉等野营用品非常好用。”

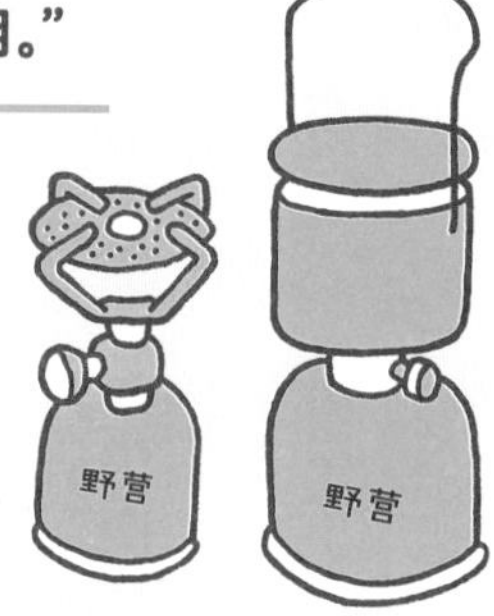

●卡式炉真好

●巧用电热水壶煮烫蔬菜

“因为当时先来的电，后来的煤气，所以我们索性就先用电热水壶煮菜吃。”

日常防灾备忘

物尽其用

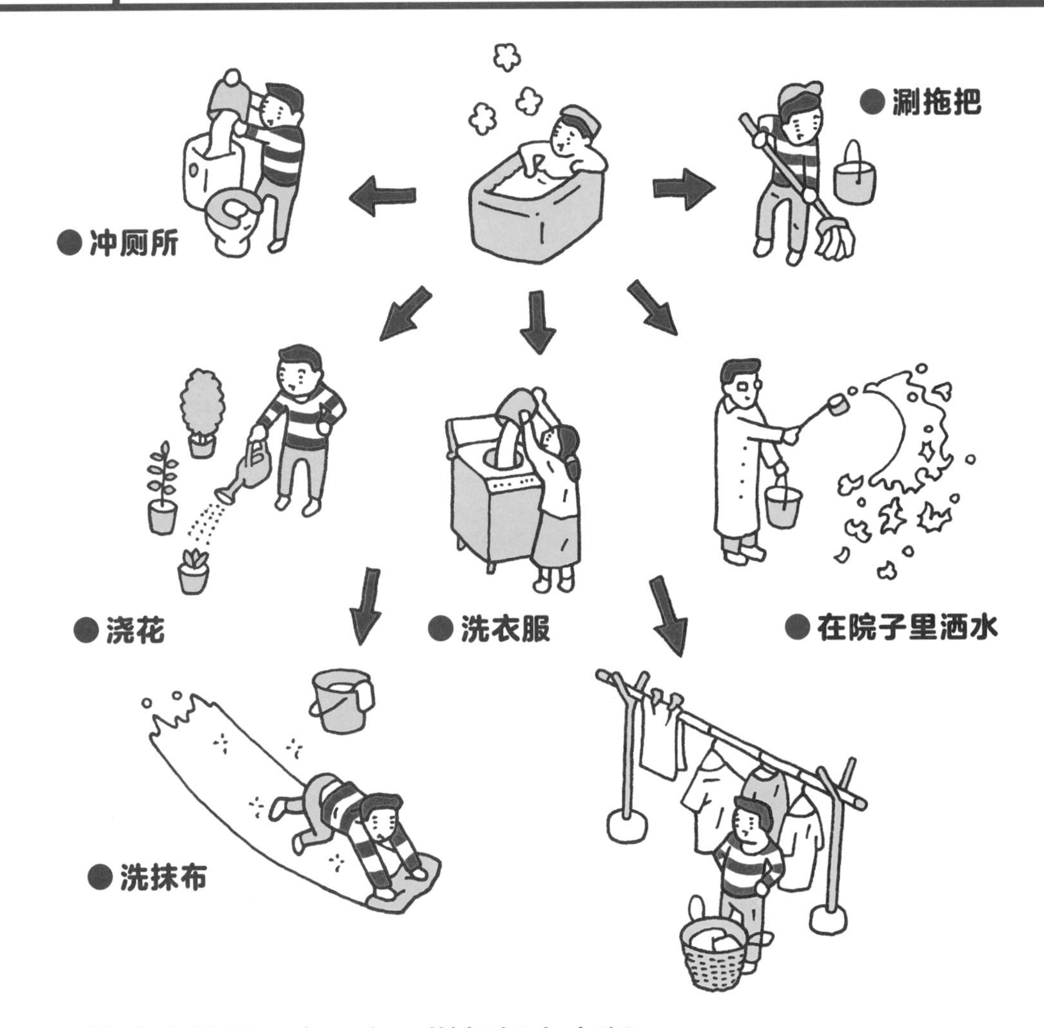

一旦发生大地震，水、电、煤气都会中断，很多东西都很难买到了。因此，在日常生活中养成节约的好习惯至关重要。比如，用洗澡水来洗衣服、浇花等。

日常
防灾
备忘

大手绢的使用方法

●做绷带

●做止血带

●做头巾

●做旗子

●做包袱

●化身游戏道具

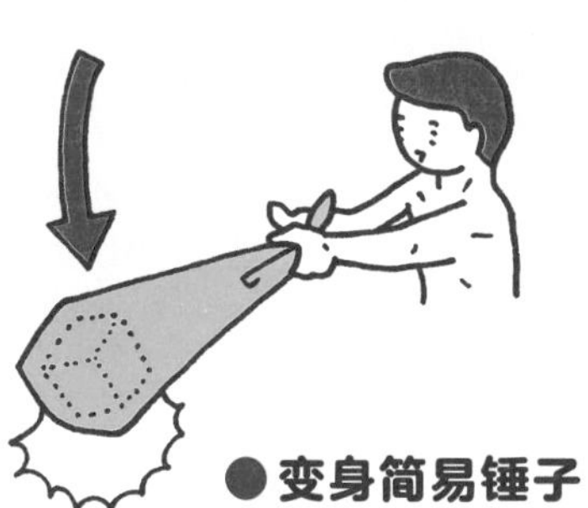

●变身简易锤子

●做过滤网

●做口罩

一件小小的东西，也可以有很多的用处。

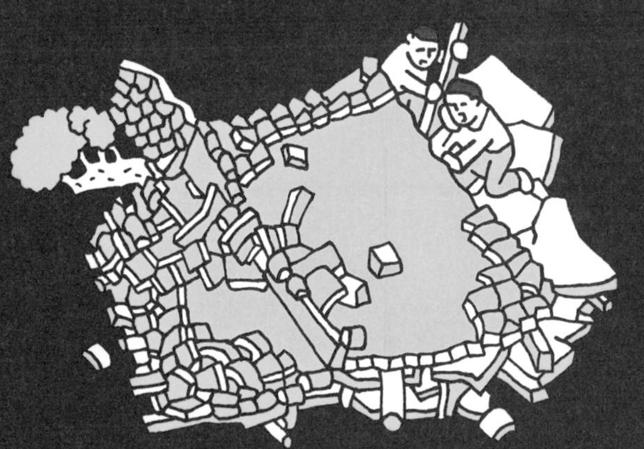

以为大脑要爆炸了

"房子倒了，我的下半身被家具卡住了，完全动不了。脑袋里有淤血，意识都模糊了，感觉大脑要爆炸了。没想到下一秒我就被人救了出来。危急时刻，我的脑子里闪现出的都是家人和同事。"

无能为力地发呆

"我至少有两天是在恍恍惚惚、无力思考的状态中度过的，就那么一直盯着倒塌的房子发呆。"

街上的情形

救人的人、被救出的人。
找人的人、被找到的人。
还有茫然不知所措的人。
街上往来着各种各样的人。

了不起

"一位护士说自己家里的房子着火了，可是她还坚守在自己的岗位上，真是让人肃然起敬。"

震惊

"一位消防员的母亲在地震中去世了，可他还是赶到家附近的火灾现场灭火，太令人震惊了。"

深刻体会到了活着的重要性

"当时，一边是家人生死未卜，一边是救援工作脱不开身。有家难回的那些天，不安、牵挂的情绪，再加上工作的疲惫，几乎把人逼到了崩溃的边缘。这个时候，我收到了一条留言，上面写着'致爸爸'。那一瞬间，我真是深刻体会到了家人都安好是多么重要的事情。"

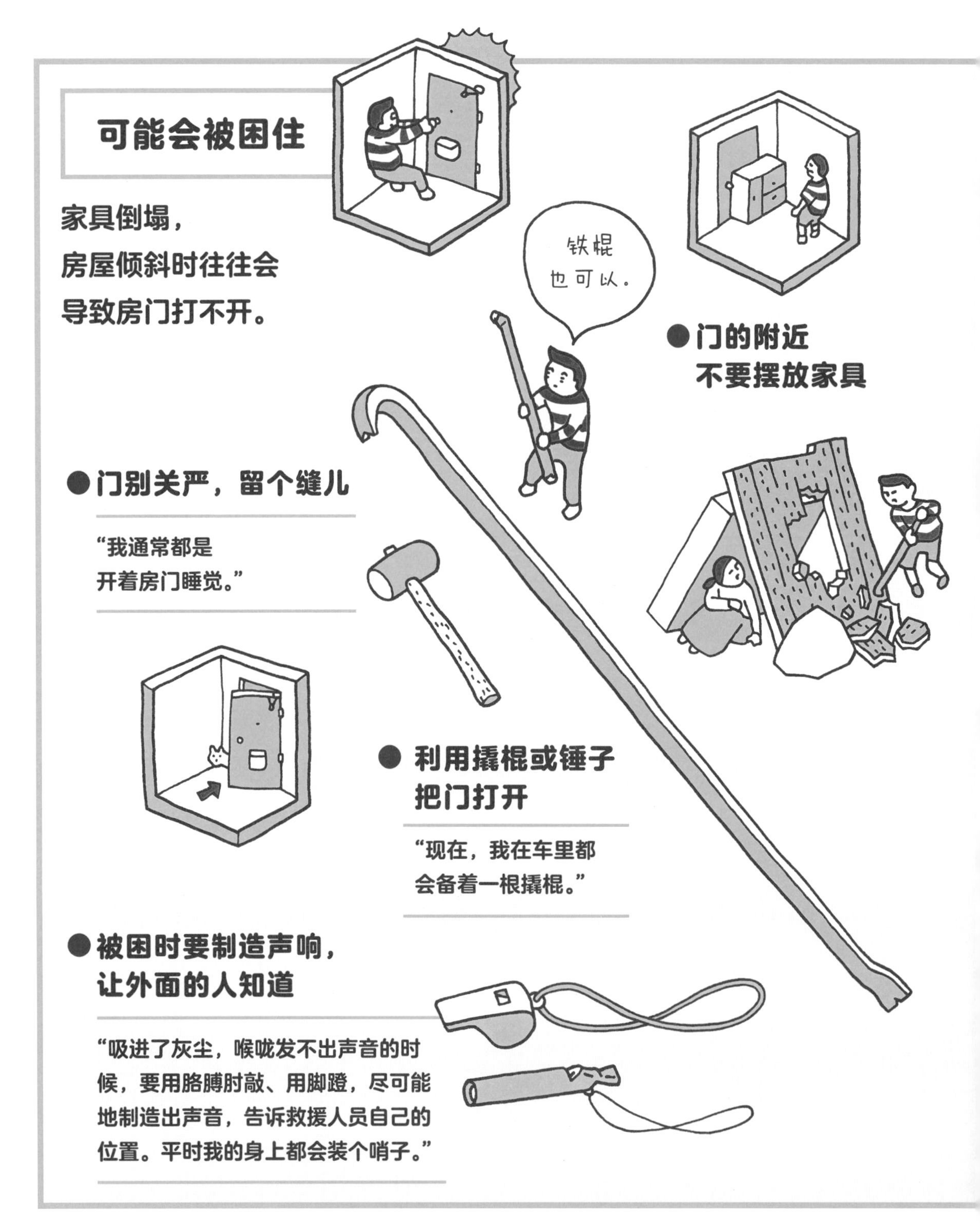

可能会被困住

家具倒塌，
房屋倾斜时往往会
导致房门打不开。

● 门的附近
不要摆放家具

● 门别关严，留个缝儿

“我通常都是
开着房门睡觉。”

● 利用撬棍或锤子
把门打开

“现在，我在车里都
会备着一根撬棍。”

● 被困时要制造声响，
让外面的人知道

“吸进了灰尘，喉咙发不出声音的时候，要用胳膊肘敲、用脚蹬，尽可能地制造出声音，告诉救援人员自己的位置。平时我的身上都会装个哨子。”

遍地都是玻璃和瓦砾

碎玻璃和其他物品的碎片会四处飞溅，一定要多加留意，避免受伤。

建议穿厚底鞋。

● 提前准备好鞋子

“鞋和衣服之类的物品要提前准备好，最好是放在一下子就能拿到的地方。”

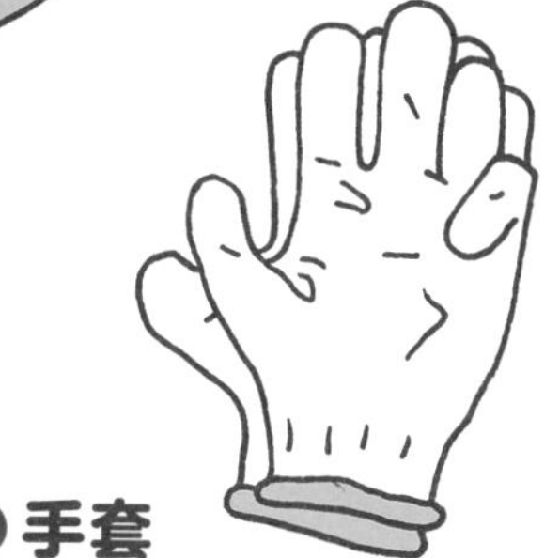

● 手套

“当时，我一直在徒手捡瓦片，后悔没多准备些劳保手套。”

● 铺层毯子再走路

“进屋之后，我就往地上铺了一层毯子。在毯子上走路就能防止脚被扎伤了。”

灰尘四处弥漫

大量的灰尘
不仅会让人痛苦难耐，
还可能引发多种疾病，
因此，必须全面做好防尘工作。

●大手绢也能做成口罩

●要准备好口罩

"地震过后，有害的
石棉纤维会飘得到处都是，
所以，一定要戴上口罩。"

●穿雨衣

日常
防灾
备忘

受伤时的应急措施

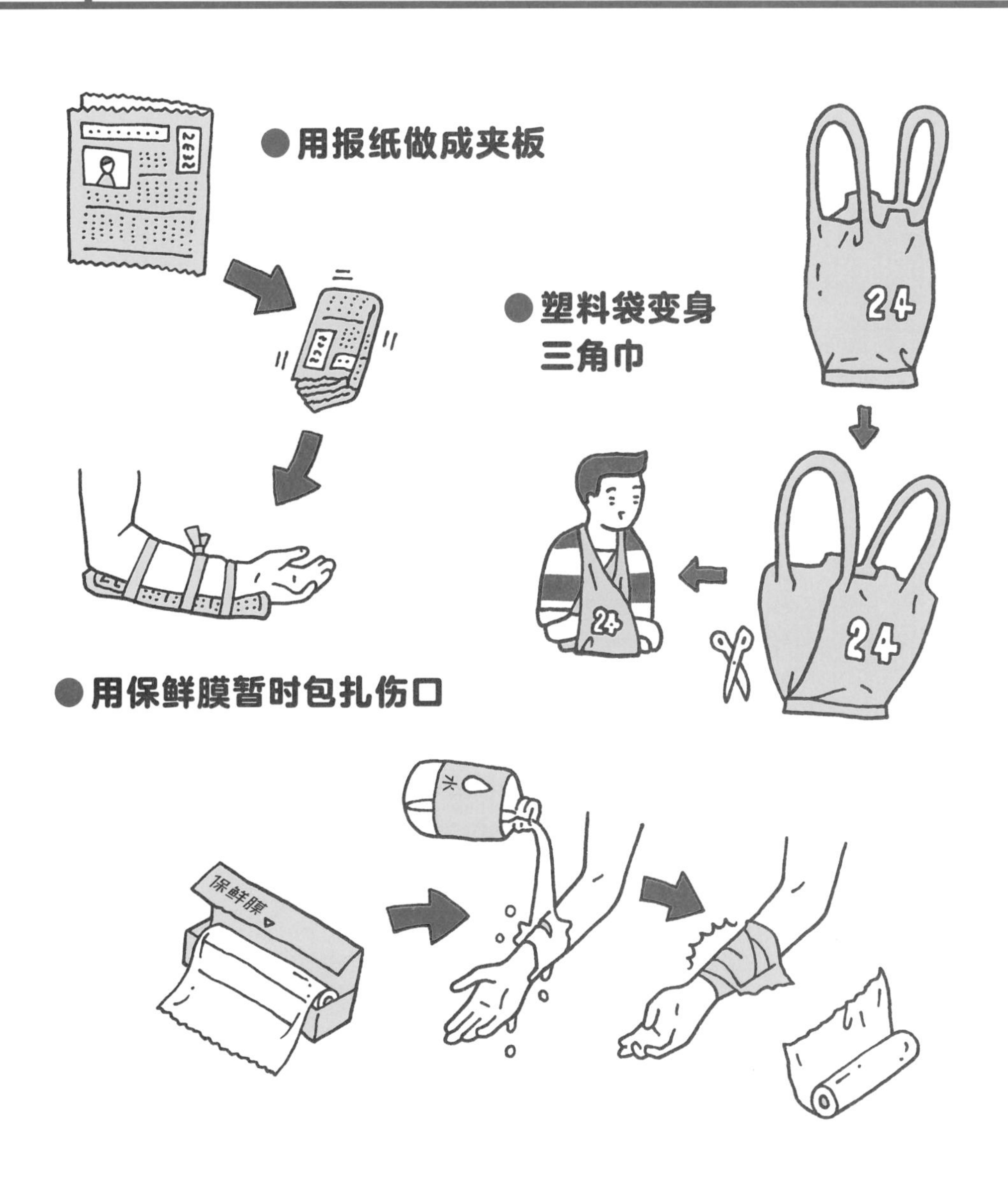

巧用身边的现有物品，就能进行受伤时的应急处理。

日常
防灾
备忘

提前和家人约定好！

● 明确如何取得联系

● 确定集合地点

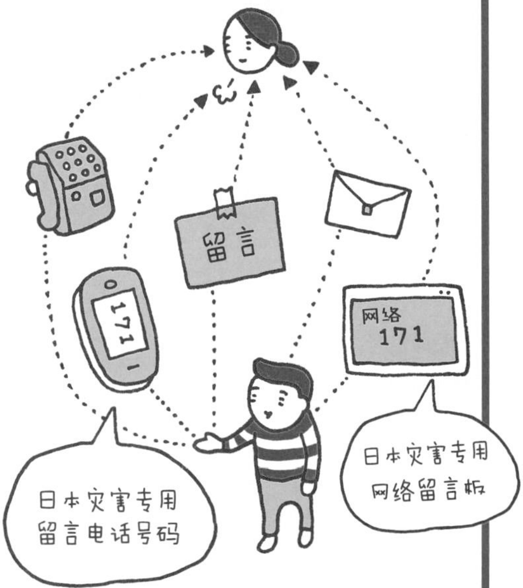

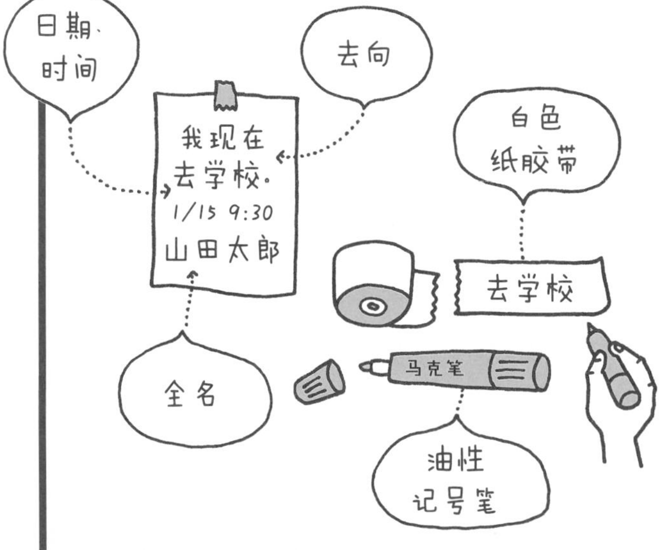

● 写明去向

地震时，爸爸妈妈很可能不在我们的身边。
这时，电话可能也很难接通。
因此，发送短信或是留下便笺，提前确定好家庭成员之间的联系方式和集合地点就显得尤为重要。

日常
防灾
备忘

在街道里探险！

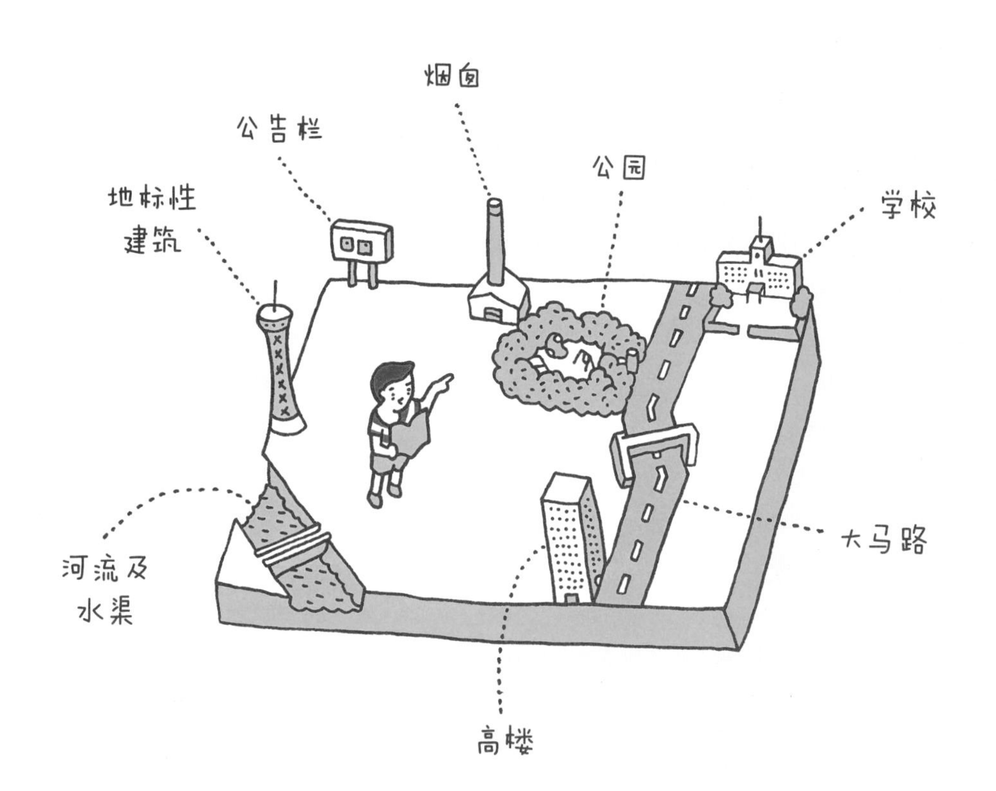

- **地震发生后，应该去哪里避难呢？**
- **如果经常走的路走不通了，还有其他路线吗？**

一旦自家的房屋或者大型建筑物倒塌，我们很可能就会迷失方向。因此，平时多花些时间熟悉自己所在的街道，这非常重要。

地震及震后

在家里的人、
在避难所的人、
志愿者、媒体记者，
各种各样的人聚集在一起，
相互帮助，逐渐开始了
新的生活。

看见直升飞机就生气

“那时经常会有大的余震，声音和直升飞机发出的噪声一模一样，所以我一看到直升飞机就生气。”

摄影师的行为让我很愤怒

“来了好多业余摄影师，他们的一些行为根本就是在触动受灾群众的敏感神经，太让人生气了！而这恰恰也让我深刻体会到了来自志愿者的帮助是多么温暖。”

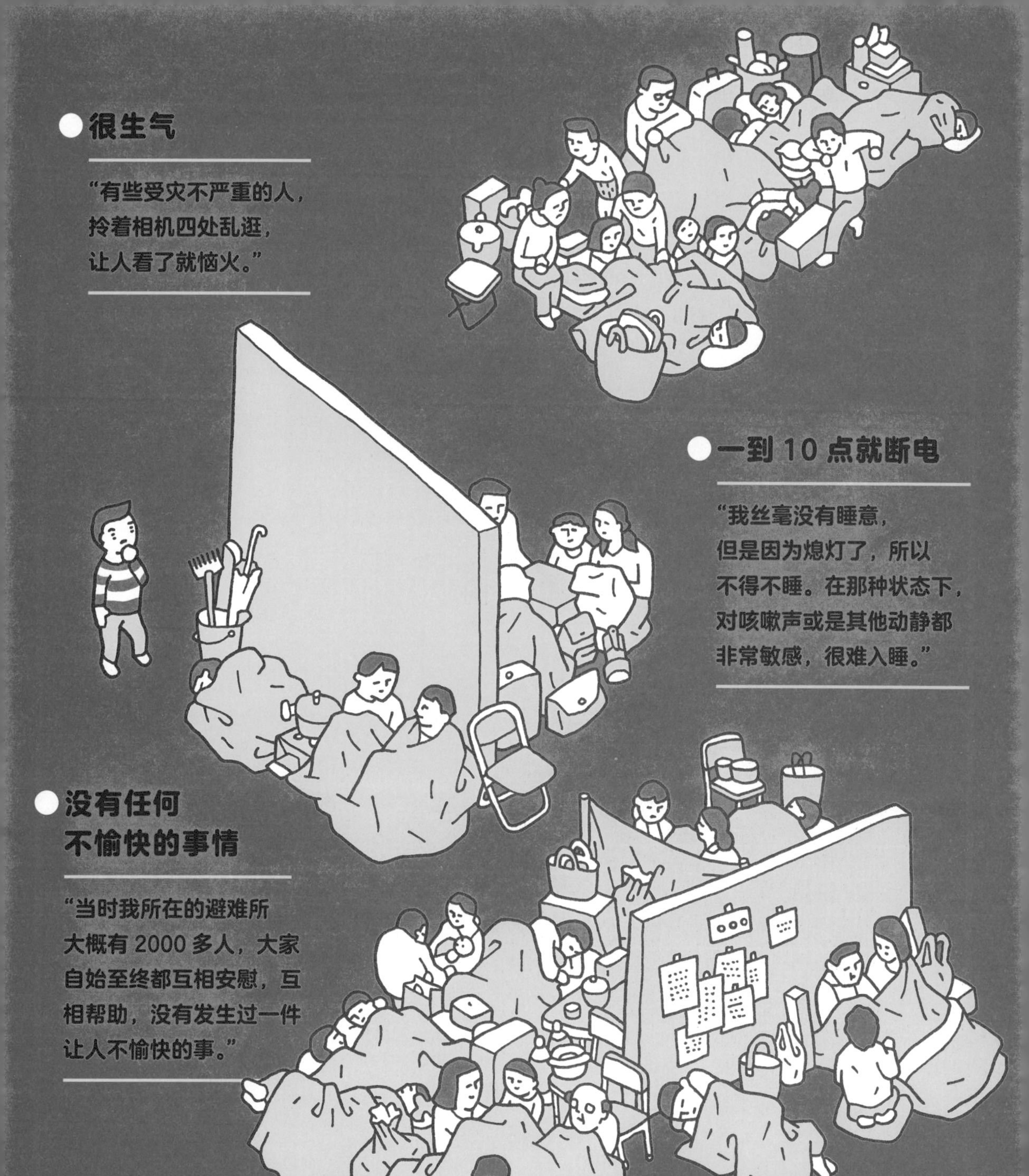
很生气
“有些受灾不严重的人，
拎着相机四处乱逛，
让人看了就恼火。”
一到 10 点就断电
“我丝毫没有睡意，
但是因为熄灯了，所以
不得不睡。在那种状态下，
对咳嗽声或是其他动静都
非常敏感，很难入睡。”
没有任何
不愉快的事情
“当时我所在的避难所
大概有 2000 多人，大家
自始至终都互相安慰，互
相帮助，没有发生过一件
让人不愉快的事。”

没住进避难所

“当时我们去了一个
设在小学里的避难所，
可那里已经人满为患，
没办法再收留我们了。”

一边说着谢谢，一边领取物资

“当时很担心要是
争抢起来该怎么办啊？！
可事实是没有一个人发
牢骚，大家说着感谢，
有序地领取着物资。”

任性的苗头

“大概过了一周左右，
物资渐渐丰富了，
任性的苗头也显现出来了。
有些人明明已经拿了不少，
却还是要个不停。”

羞愧难当的泪水

“运送过来的救援物资里
有件漂亮的衣服，因为只有一件，
所以大家就抢了起来。这个时候，
在人群中有人大喊：
‘太没出息了！快住手！’
话音还没落，那个人就哭了起来。
那些哄抢的人听了，
好像顿时醒过神来，
也都难为情地哭了。”

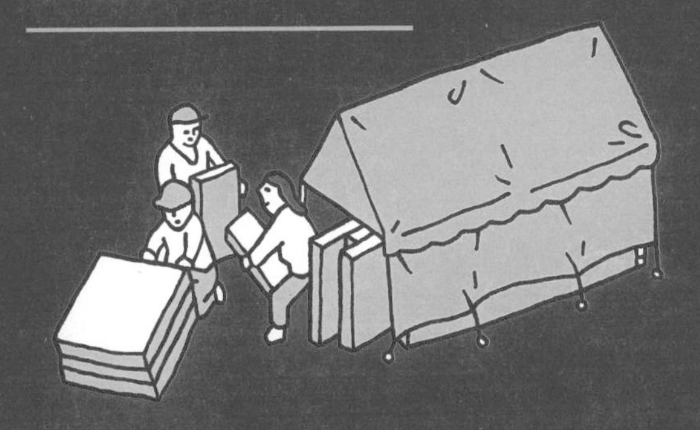

和周围的人一边哭一边吃

"82 岁的父亲
从乡下大老远地赶过来，
背了满满一书包的饭团。
我和周围的人一边哭一边吃，
那时的场景至今记忆犹新。"

厕所很臭，里面也乱糟糟的

"能独处的地方只剩厕所了。
可是里面又脏又臭，
让人非常郁闷，
感觉自己没有容身之地了。"

问候式防灾

平时与邻居互相问候，
相处融洽的人们，
在地震中都能够做到互帮互助，
共渡难关。

●心系长辈

“特别放心不下附近的老人们。
哪里住着独居老人，我都清楚。”

●能够分享

“那些能为大家提供短缺物资的人，
通常不等别人开口，就主动送来
电池和毯子等物品了。”

●互相鼓舞

“热乎乎的炖菜一人一碗，
我分到了莲藕和魔芋。”

●借到衣服好开心

“有的邻居还能从自家的
废墟中翻出衣服来，
他们特别慷慨地借给我穿。”

●马上就知道少了谁

“知道少了谁，我们就立刻
跑到他家去救援了。”

●被邻居救了

“当时我被困在二楼一个
30 厘米左右的夹缝里。
我大声向邻居们求救，
最后是大家一起帮我脱身的。”

●送来御寒毛毯的好邻居

“我家的房子损毁严重，
什么东西都拿不出来了。
我说了一句‘好冷’，被有心的邻居听见
了，他特意跑回家拿了毛毯给我。”

日常
防灾
备忘

户外式防灾

露营的经验会对避难生活大有帮助。

此外，如果车里常备露营用具、食物和饮用水等，

紧要关头，车也可以成为你的“第二个家”。

日常
防灾
备忘

运动式防灾

运动会加深人与人之间的联系。

危急时刻，彼此之间能够自然地形成互助关系尤为重要。

推荐大家就防灾这个话题与同伴们交换意见，畅所欲言。

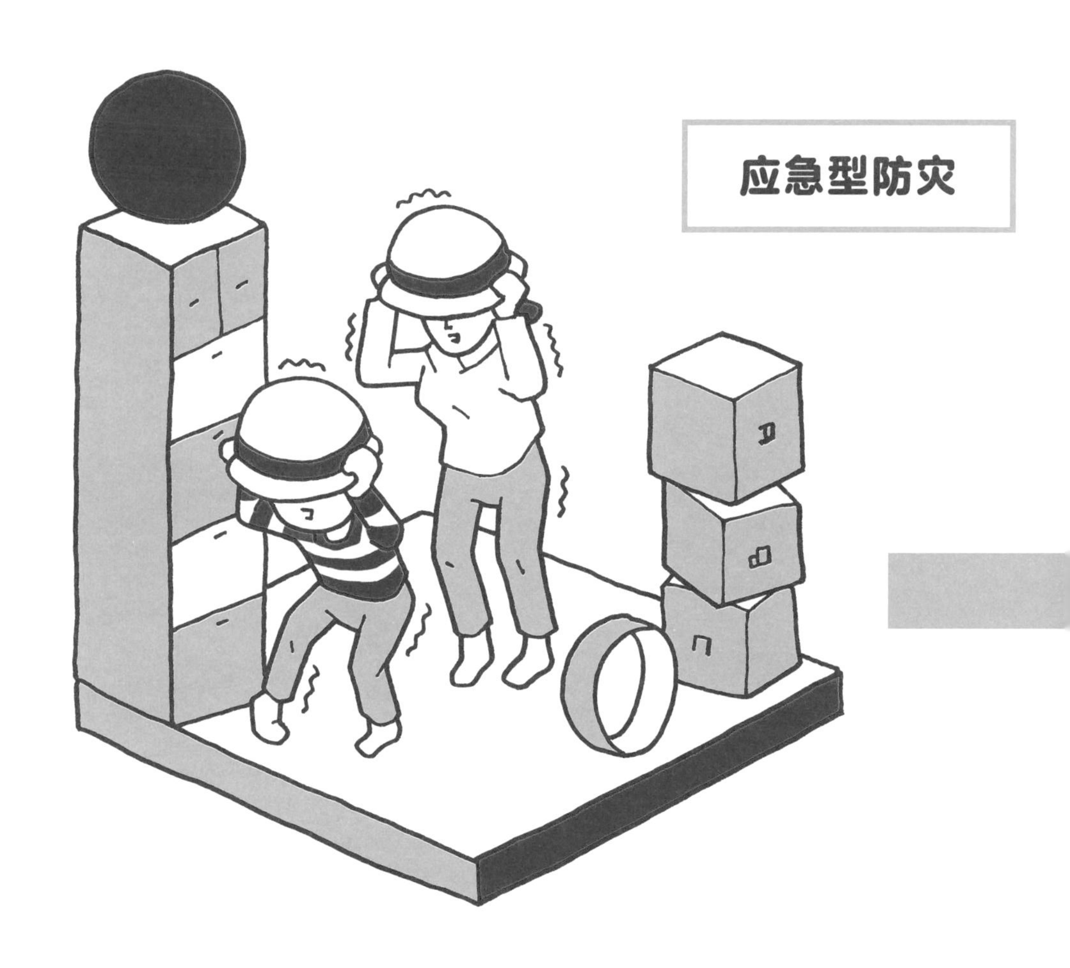

万一地震来了该怎么办？

怀着这样的想法买哨子、准备头盔是必要的。

但是，那些平日里没做好的准备，

到了地震的关头，就能马上做好吗？

亲历阪神大地震的人们告诉我们，

这种应急型防灾是远远不够的。

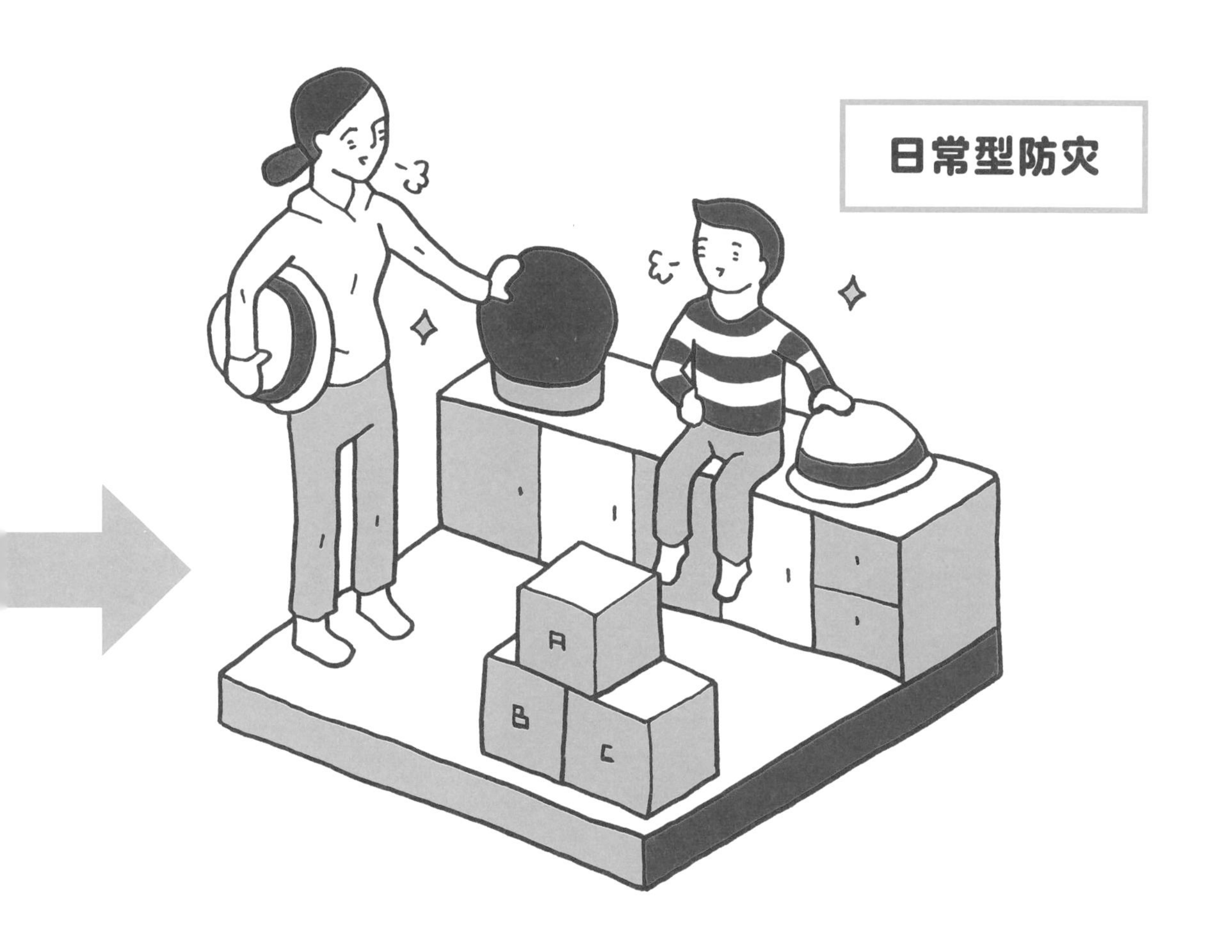

平时和邻居好好相处，见面打招呼。

容易滚动的东西不要摆放在高处。

偶尔和家人一起去露营。

日常生活的点滴中蕴藏着许多地震来袭时的救命智慧。

这就是始终与地震“共存”的我们要做到的“日常型防灾”。

家庭常备物品清单

● 水

1 天 2 升 × 家庭人口 ×3 天。大城市需要备足 1 周用量。

● 应急食品

罐头及即食食品等。备足一家人 3 天用量，大城市需要备足 1 周用量。

● 头灯

停电时使用。确保家庭成员人手 1 个。

● 头盔

逃生时的必备物品。确保家庭成员人手 1 个。

● 塑料袋

可以充当临时运水的工具，也能在处置伤患时派上用场。

● 湿巾

停水后无法洗手时的必需品。

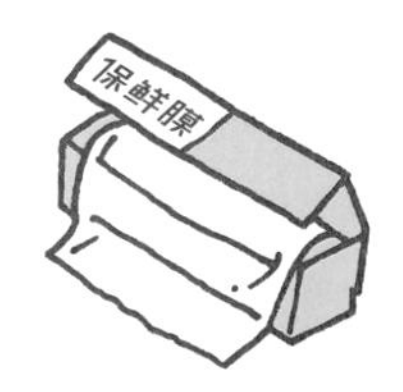

● 保鲜膜

用来铺在盘子上、处理伤口等。

● 报纸

叠成容器，受伤时还能做成夹板。

● 劳保手套、厚手套

防止露天作业时受伤。

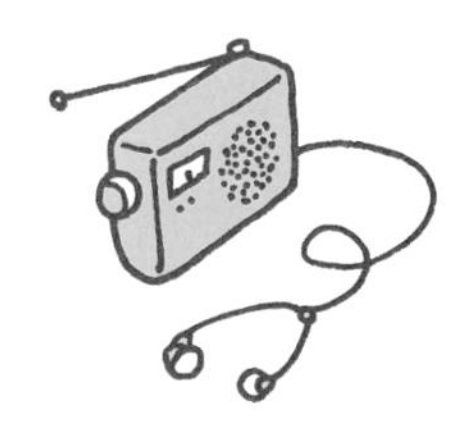

● 便携式收音机

停电时通过无线电波获取信息。

●双肩包

可以腾出双手，
方便拿取防灾物品。

●现金

整钱和零钱
都要准备。

●存折、印章、银行卡

这些都放在一起。

●油性记号笔

用来给家人留信息。

●纸胶带

和记号笔放在一起，
可以当成便笺用。

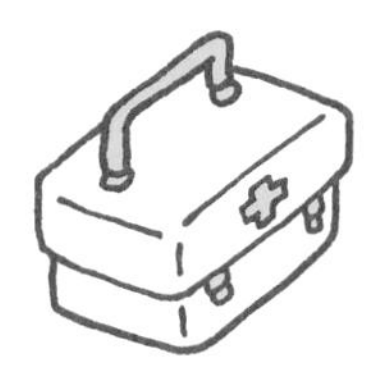

●急救箱

应对地震后缺医少药的情况。

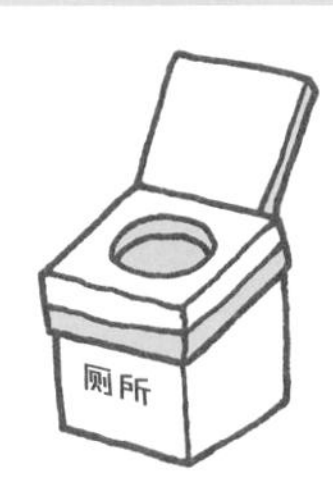

●简易厕所

震后，上厕所会成为
恼人的大问题。

●毯子

用来在避难的时候御寒。

●衣服

避难的日子长短不定，
多准备一些以备不时之需。

●绳子

万一遇到避难所无法收容的情况，
可以用来搭建帐篷。

需要随身携带的物品

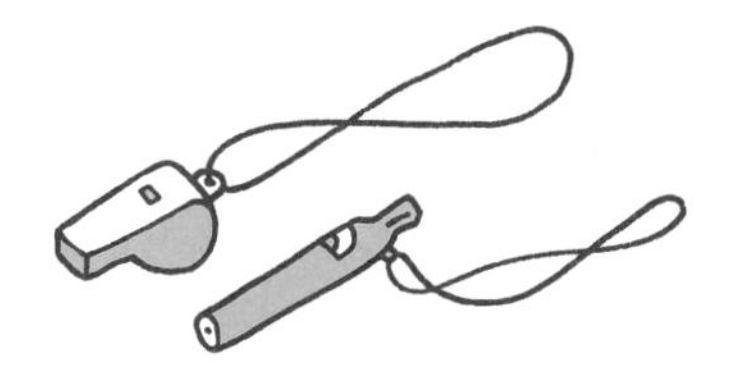

●哨子

被困时，可以用哨声告诉外界自己所在的位置。

●大手绢

既能当口罩又能做绷带。

准备好个人用品

●方便走路的鞋子

以免被地上的玻璃碎片和瓦砾划伤。

●雨衣

下雨、灰尘较大的时候都可以派上用场。

发生地震时，各家各户的应对方式不同，需要准备的物品也会不同。所以一定要全家人一起商量，决定所需物品。

本书以 167 位日本阪神大地震亲历者的经历及经验
为基础编辑而成。
在此，由衷地向曾经协助本书出版的各位表示感谢！
（※ 问卷调查 117 人，意见收集 50 人）

● 致各位读者 ●

本书在《地震笔记本》（三联书店出版）的基础上
添加了新的内容，重新编辑而成，更适合孩子阅读。

这是一本简单易懂的防灾指南。它将蕴藏在生活中的防震知识和防震
技巧通过图画的方式进行说明，提醒我们要在日常生活中树立防灾意识。

希望这本书能够成为孩子了解地震、思考防震对策的小帮手。

日本地震日常防灾项目组委员

渥美公秀
1961 年出生于日本大阪。现任大阪大学研究生院人类科学研究院教授，主要研究集体的人类科学。曾在家中遭遇阪神大地震，随后在避难所加入了志愿者行列。自此，展开了对志愿者救援活动的持续研究及实践探索。目前担任日本灾害救援志愿者组织理事长一职。著有《志愿者的智慧》等书。

永田宏和
1968 年出生于日本兵库县。1993 年毕业于大阪大学研究生院。毕业后在大型建筑公司工作。2006 年创立了非营利组织 PlusArt 并出任理事长。2005 年在神户市，携手美术家藤浩志共同开发了寓教于乐的新型防灾项目——“来吧！青蛙小分队！”，并将其推广至日本各地。现在，数以万计的日本家庭体验过这个项目，它的影响力延伸至印度尼西亚和中美洲等地。

寄藤文平
1973 年出生于日本长野县。日本知名美术设计师、插画家。以日本烟草广告《成人香烟养成讲座》为起点，开始涉足商业广告、图书设计等领域。著作有《找死手册》《神奇的数字世界》《元素生活》《没创意，还敢玩涂鸦》《yPad》，共同著作有《成人香烟养成讲座》《大便书》《牛奶，好东西》等。

月本裕
1960 年出生于日本东京。作家。曾先后就读于上智大学外语系、法政大学文学系。毕业后从事杂志编辑、写作等相关活动。1989 年凭借小说《捕捉》摘得首届“少爷文学奖”桂冠。1994 年参与了由胜新太郎出演的舞台剧《不知火检校》的编剧创作。2008 年去世。

监修 (P4-P5) 藤原广行
1963 年出生于日本冈山县。防灾科学技术研究所、多灾害风险评价研究部部长。应用地震学专业。主要从事地震灾害的预测评估等相关研究。

图书在版编目（CIP）数据

地震书 / 日本地震日常防灾项目组编；（日）寄藤文平绘；段博闻译 . -- 北京：北京联合出版公司，2020.9（2024.12 重印）
ISBN 978-7-5596-4388-9

Ⅰ. ①地… Ⅱ. ①日… ②寄… ③段… Ⅲ. ①防震减灾 - 指南 Ⅳ. ① P315.9-62

中国版本图书馆 CIP 数据核字 (2020) 第 119495 号

地震书

编　　者：日本地震日常防灾项目组
绘　　者：[日] 寄藤文平
译　　者：段博闻
出 品 人：赵红仕
选题策划：北京浪花朵朵文化传播有限公司
出版统筹：吴兴元
责任编辑：徐　樟
特约编辑：倪婧婧　于　淼
营销推广：ONEBOOK
装帧制造：墨白空间・唐志永

北京联合出版公司出版
（北京市西城区德外大街 83 号楼 9 层　100088）
天津裕同印刷有限公司印刷　新华书店经销
字数 40 千字　889 毫米 ×1194 毫米　1/24　$2\frac{1}{3}$ 印张
2020 年 9 月第 1 版　2024 年 12 月第 3 次印刷
ISBN 978-7-5596-4388-9
定价：49.80 元

读者服务：reader@hinabook.com 188-1142-1266
投稿服务：onebook@hinabook.com 133-6631-2326
直销服务：buy@hinabook.com 133-6657-3072
官方微博：@浪花朵朵童书